Bibliografische Information der Deutschen Nationalbibliothek:

Die Deutsche Bibliothek verzeichnet diese Publikation in der Deutschen National-
bibliografie; detaillierte bibliografische Daten sind im Internet über http://dnb.d-
nb.de/ abrufbar.

Impressum:

Copyright © 2008 GRIN Verlag, Open Publishing GmbH
Druck und Bindung: Books on Demand GmbH, Norderstedt Germany
ISBN: 9783640607532

Dieses Buch bei GRIN:

http://www.grin.com/de/e-book/148910/biologische-und-biochemische-wirkung-
von-polymoxometallaten-und-deren-therapeutische

Franziska Hofmann

Biologische und biochemische Wirkung von Polymoxo-metallaten und deren therapeutische Eigenschaften

GRIN Verlag

Biologische und biochemische Wirkung von Polyoxometallaten und ihre potentiellen therapeutischen Eigenschaften

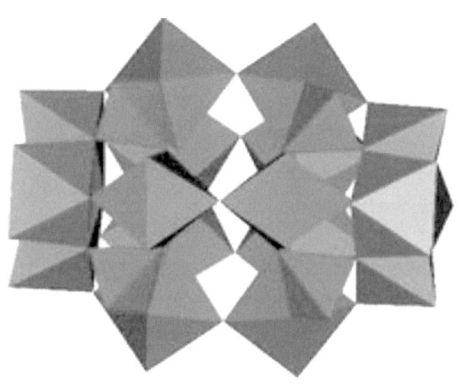

[1]

Seminararbeit zur Vorlesung „Heavy Metals" von Catherine E. Housecroft

Autor: Franziska Hofmann

Universität Basel, 15.05.2008

UNI
BASEL

Einleitung

Polyoxometallate, die auch unter der Abkürzung POM bekannt sind, gehören zu einer großen Gruppe von anionischen Metall-Sauerstoff-Clustern. Mit einer großen Strukturvielfalt, speziellen chemischen und biologischen Eigenschaften ist diese Stoffklasse vor allem für „Anwendungen in der Katalyse, aber auch in den Materialwissenschaften sowie der Bio- und Nanotechnologie" von Interesse.[2]

Das erste 1826 in einer Datenbank registrierte Polyoxometallat geht auf Jöns Jakob Berzelius zurück, der einen gelben Niederschlag beschrieb, welchen er aus Ammoniummolybdat in einem Überschuss an Phosphorsäure herstellte und der heute unter $(NH_4)_3[PMo_{12}O_{40}]_{aq}$ bekannt ist.[3]

Abbildung 2: Jöns Jakob Berzelius.[4]

1933 gelang es J. F. Keggin erstmals anhand von Röntgenpulveraufnahmen des $H_3[PW_{12}O_{40}]$ die Struktur eines Polyoxometallates aufzuklären.[5]

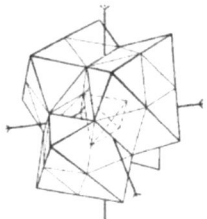

Abbildung 3: erste Strukturaufklärung eines POM von J. F. Keggin $[PW_{12}O_{40}]^{3-}$.[5]

Polyoxometallate bzw. Polyoxoanionen werden in zwei Gruppen unterteilt:

Isopolyanionen, oftmals auch Homopolyanionen genannt, bestehen aus Sauerstoff und einem weiteren Element[6] und sind im allgemeinen Komplexe von Metall-Oxoanionen des Typs $[M_xO_y]^{n-}$ wie z.B. $[V_{10}O_{28}]^{6-}$ oder auch $[Mo_6O_{19}]^{2-}$.

Heteropolyanionen enthalten dagegen ein Heteroatom wie z.B. $[PW_{12}O_{40}]^{3-}$ oder allgemein ausgedrückt $[XM_{12}O_{40}]^{n-}$, diese Oxoanionen werden auch gerne als Keggin Struktur bezeichnet.[7]

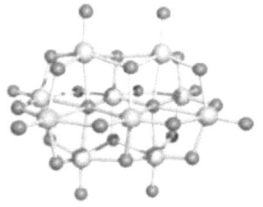

Abbildung 4: Röntgenbeugung Struktur, das Isopolyanion $[V_{10}O_{28}]^{6-}$, rot: V, gelb: O.[7]

Es gibt jedoch noch andere fundamentale Polyoxometallat Strukturen wie die Lindqvist Struktur, die Dawson Struktur oder die Anderson Struktur, wobei letztere als einzige ein oktaedrisches Zentralatom hat.[8]

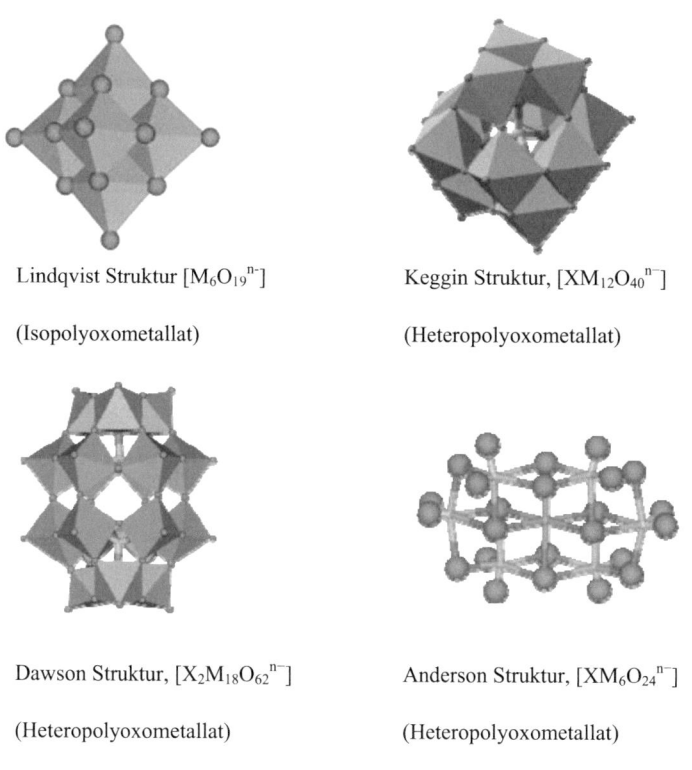

Lindqvist Struktur [$M_6O_{19}^{n-}$]

(Isopolyoxometallat)

Keggin Struktur, [$XM_{12}O_{40}^{n-}$]

(Heteropolyoxometallat)

Dawson Struktur, [$X_2M_{18}O_{62}^{n-}$]

(Heteropolyoxometallat)

Anderson Struktur, [$XM_6O_{24}^{n-}$]

(Heteropolyoxometallat)

Abbildung 5: Fundamentale Polyoxometallat Strukturen.[8]

„Über 70 Elemente aus allen Gruppen des Periodensystems - mit Ausnahme der Edelgase - sind mittlerweile als Heteroatome in Polyoxometallaten bekannt,"[6] dabei werden am häufigsten die Übergangsmetalle Vanadium, Molybdän und Wolfram eingesetzt, eher selten Niob, Tantal und Chrom.[7]

Chemische und biologische Eigenschaften

Eine markante Eigenschaft von Polyoxometallat-Clustern ist die starke pH- und Konzentrationsabhängigkeit.[9]

$$7\ [MoO_4]^{2-} + 8\ H^+ \rightarrow [Mo_7O_{24}]^{6-} + 4H_2O \quad (pH\ 5)$$

↓ pH-Wert Änderung

Lindqvist Anion $[Mo_6O_{19}]^{2-}$.

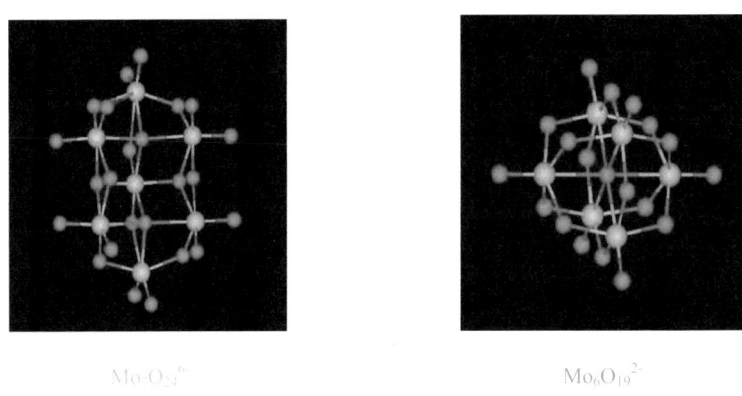

$Mo_7O_{24}^{6-}$ $\qquad\qquad\qquad\qquad\qquad$ $Mo_6O_{19}^{2-}$

Abbildung 6: Polyoxometallat Strukturen von $Mo_7O_{24}^{6-}$ und $Mo_6O_{19}^{2-}$.[10]

Die pH Abhängigkeit der Gleichgewichte wird in *Abbildung 7* am Beispiel von Vanadium-oxid illustriert.

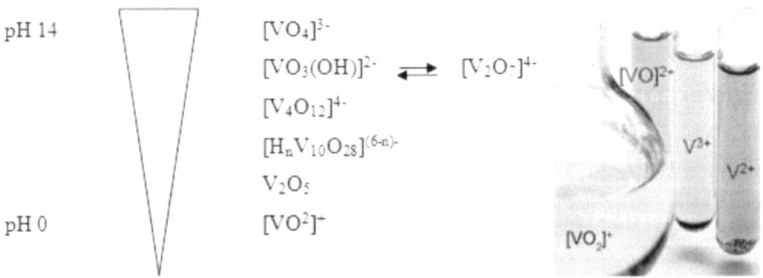

Abbildung 7: pH Abhängigkeit der Gleichgewichte am Beispiel von Vandaiumoxid.[11]

Die Struktur von vielen Polyanionen ist stark abhängig vom pH-Wert, da die O-H Bindungen polarisiert sind und deshalb bei steigendem pH-Wert Protonen abstrahiert werden können. Dies führt für gewisse Spezies zu einer schrittweisen Aggregatbildung mit steigender Basizität. [11]

M-OH	M=O	M-(μ-OH)-M	M-(μ-O)-M	dinuclear	trinuclear	Aggregatbildung

steigender pH-Wert

Abbildung 8: Veränderung der Polyoxometallatstruktur mit zunehmendem pH-Wert.[11]

Generell sind POMs eine Gruppe von (supra)molekularen Modulen die sich zur Bildung von Materialien mit interessanten Eigenschaften eignen:

Polyoxometallate gewinnen zunehmend an Bedeutung in der Oxidations- und Säurekatalyse. Zahlreiche Heteropolyverbindungen werden bereits erfolgreich als Katalysatoren in unterschiedlichsten Industrieprozessen eingesetzt. Die Katalysatorstruktur sowie die Art und Anzahl der substituierten Übergangsmetalle können dabei einen großen Einfluss auf die katalytische Aktivität ausüben.[12] Polyoxometallate finden auch Einsatz in der Elektrochemie,

als vor Korrosion schützende Farbstoffe, Pigmente, Dotiersubstanzen in Polymeren, sowie in Papierbleichverfahren, der analytischen Chemie und auch in der Medizin.[3]

Abbildung 9: Pigmente.[14]

Polyoxometallate können sogar trotz ihrer Ladung und Größe Zellenmembranen durchdringen und sind somit sowohl auf der Zellenoberfläche als auch im Zytoplasma aktiv. Mit verschiedenen Techniken und Experimenten konnte man die Durchdringung der Zellmembranen nachweisen.[13]

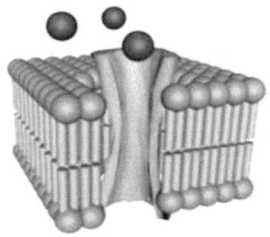

Abbildung 10: Schemenhafte Darstellung einer Zellmembran.[15]

Cibert bewies 1982 mit Raman Laser Spektroskopie am Beispiel von HPA-23, dass diese in tumorresistente Mauszellen eindringen können. HPA-23 ist eine Polywolframantimon-Verbindung [NaSb$_9$W$_{21}$O$_{86}$]$^{18-}$ die gewöhnlich als (NH$_4$)$_{17}$Na Salz vorliegt.[13]

Der Zuwachs in der Zahl von Vakuolen in einer mit POM behandelten Zelle, ist ein Indikator für den Transport von Polyoxometallaten in Zellen. Diese Vakuolen können mittels Fluoreszenz Mikroskopie nachgewiesen werden und so die von Ni *et al.* vermutete biochemische Aktivität von HPA-23 bestätigen.[16]

Die Verwendung von Polyoxometallaten hat einige fundamentale „Probleme" zur Folge, die zu einer ständigen Wiederkehr in wissenschaftlichen Untersuchungen führen. Es kann somit gewollt oder ungewollt zur Aggregatbildung kommen, zur Bildung von Metalloxiden, sowie zu magnetischen Wechselwirkungen in größeren Mehrkomponentensystemen. Elektronentransfer in Lösung oder an Metalloxid Grenzflächen kann ebenfalls stattfinden oder es können verschiedene Reaktivitäten und Selektivitäten in Oxidationsprozessen auftreten. Ein wirkliches Problem bei POMs in der Medizin ist auch die Medikamentenresistenz. Durch Wechselwirkungen von gelösten Biomakromolekülen kann es nämlich zum zeit- und konzentrationsabhängigen Verlust von chemotherapeutischer Wirkung kommen.[17]

Der grundlegende Vorteil von POMs in der Medizin ist, dass nahezu jede molekulare Eigenschaft wie die Polarität, Redox-Potentiale, Oberflächenladungsverteilung, Form und Acidität, wunschgemäß angepasst werden kann, so dass die Erkennung oder die Reaktivität optimiert werden kann.

Eine andere attraktive Eigenschaft ist, dass es reproduzierbare Synthesemethoden gibt, um ein oder mehrere Übergangsmetallkationen (d0) in POMs durch d- oder p- Block Ionen zu ersetzen. Ebenso können organische Gruppen angeknüpft werden, die mit einer physiologischen Umgebung kompatibel sind. So sind lange Halbwertszeiten von Medikamenten in H$_2$O oder Puffern bei pH 7 erzielbar.[18]

Es ist heute möglich neue molekulare Hybride zu generieren, die sowohl Polyoxometallat-Cluster, als auch Übergangsmetall-Komplexe enthalten, die durch eine organische π-konjugierte Brücke verbunden sind. Das Bestreben liegt darin, „new functional and multifunctional materials" zu generieren, obwohl das Hauptinteresse eigentlich auf ihrer katalytischen Aktivität basiert.[19]

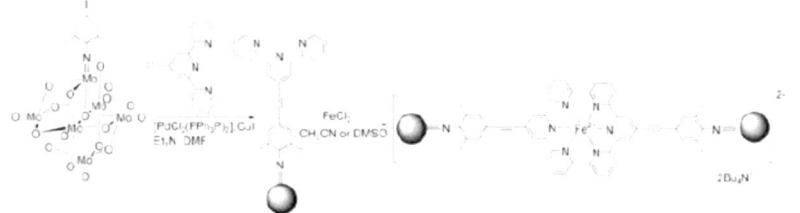

Abbildung 11: Synthese eines molekularen Hybrid POM Clusters und eines Übergangsmetall-komplexes verbunden durch eine stromleitfähige Brücke.[19]

Durch die enorme Flexibilität von Polyoxometallaten können sogar supramolekulare Strukturen gebildet werden. Eine gute Veranschaulichung von flexiblen Molybdän Systemen ist die Reaktion eines Keggin Anions $[PMo_{12}O_{40}]^{3-}$ mit Eisen (III) Ionen. Ein Teil der Keggin Ionen zerfällt und die Fragmente bilden mit dem Fe(III) einen riesigen ikosaedrischen Cluster mit eingekapselten Keggin Anionen. Die Keggin Anionen haben die richtige Größe und passen so gut in das Innere des Clusters.[3]

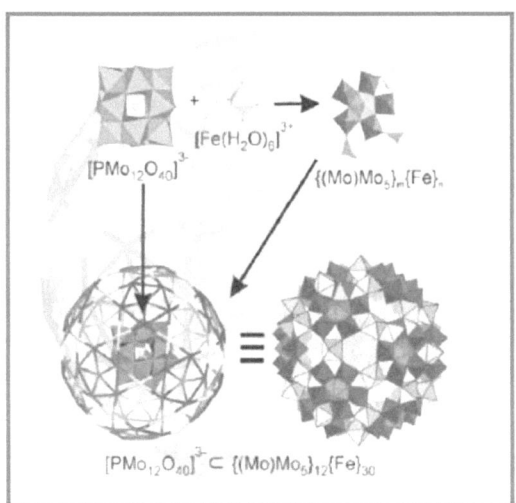

Abbildung 12: Reaktionsschema von Keggin Anionen, oben links: Keggin Struktur mit Fe(III) Ionen. Fragmente des Typs {(Mo)Mo5}m{Fe}n werden gebildet, welche als Bausteine fungieren. Oben rechts: Bildung von {(Mo)Mo5}12{FeIII}30. Unten links: Drahtdarstellung

von der Kapsel (Mo Atome in blau, Fe Atome in gelb). Unten rechts: Einkapselung der verbleibenden, nicht zerfallenen Keggin Anionen. Die supramolekulare Spezies {PMo$_{12}$O$_{40}$⊃{(Mo)Mo$_5$}$_{12}${FeIII}$_{30}$}, Farbcode: MoO$_{6/7}$ blau/ türkis, FeO$_6$ gelb.[3]

Die chemischen Eigenschaften von POM Oberflächen sind z.b. Aggregatbildung, Oberflächen-Adhäsion und ein benetzendes Verhalten. Diese Eigenschaften lassen sich sogar relativ gut voraussagen.[3]

Therapeutische Eigenschaften

In der Medizin sind Polyoxometallat-Verbindungen mit zytostatischer, antiviraler und antitumoraler Wirkung schon relativ lange bekannt.[20] Medikamente die auf Polyoxometallaten basieren sind recht günstig und leicht zugänglich und noch dazu gut in einem größeren Maßstab zu produzieren, im Gegensatz zur Mehrheit der organischen Pharmazeutika.[18]

Zwei bestimmte Typen von POMs, die eine antivirale und antitumorale Wirkung haben, dominieren heute die medizinische Chemie im Bereich der Polyoxometallate. POMs sind aber auch in einem weiteren Anwendungsbereich vertreten. Man fand heraus, dass Polyoxowolfram-Verbindungen in Kombination mit α-Lactam Antibiotika, den antibiotischen Effekt gegen sonst resistente Bakterienstämme erhöhen. Noch dazu sind POMs generell für normale Zellen nicht giftig.[21]

Die Struktur von HPA-23, die 1976 von Raymond Weiss und seinen Mitarbeitern durch Röntgenspektroskopie aufgeklärt wurde, enthält eine asymmetrische Einheit, die vier kristallographisch unabhängige Wolfram Atome und zwei Antimon Atome enthält. Das Anion hat senkrecht zu einer Symmetrieebene eine C3*h* Achse. Die Ebene erstreckt sich in der Stereoansicht *Abbildung 13*, von den Wolfram Atomen W4 A, B und C oder von den Antimon Atomen Sb1 A, B und C. Somit gibt es sechs mögliche Seiten an denen zusätzliche Metallionen binden können, die die antitumorale Wirkung verbessern könnten.[22]

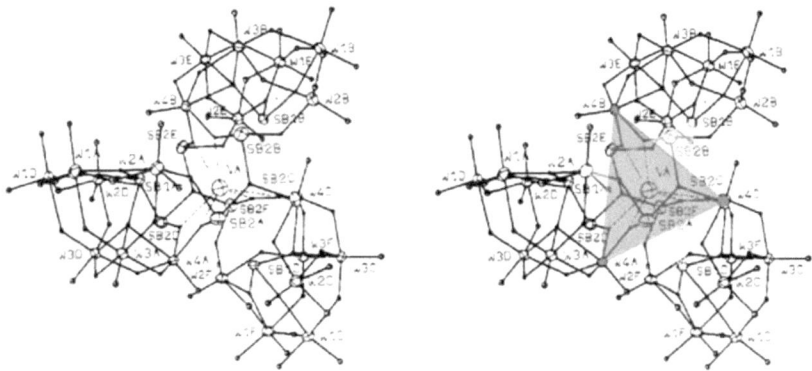

Abbildung 13: eine Stereoansicht des Anions $(NH_4)_{17}Na[NaW_{21}Sb_9O_{86}]$ • $14H_2O$. Eingezeichnet die Ebenen rot: W4A, W4B, W4C und gelb: Sb1A, Sb1B, Sb1C.[22]

In *Eschericha coli* wurde nachgewiesen, dass HPA-23 die RNA Polymerase bindet und somit ein irreversibler Inhibitor für dieses Enzym ist. Es wird vermutet, dass das polyanionische POM die polykationische Polymerase elektrostatisch bindet. Somit ist die Ladung und die Größe des Polyoxometallats ein postulierter Faktor in viraler Polymerase-Hemmung. Die Enzymhemmung wird mit zunehmender molekularer Ladung stärker.[18]

C. Jasmin zeigte schon 1973, dass Polywolframsilikate in vitro antivirale Eigenschaften haben[23] und gegen Polio Viren helfen [18] Bei Screenings mit ähnlichen Verbindungen fand man Antimonwolframat-Verbindungen, die in vitro noch viel reaktiver sind[22] und gegen ein breites Spektrum von Virenstämmen und Leukämie angewendet werden und dabei eine geringe Toxizität haben.[24]

Andere in vitro Studien zeigten die Wirkung von POMs auf viele andere Viren wie: *murine leukemia sarcoma* (MLSV), *vesicular stomatitis* (VSV), *Polio, rubella, Rauscher leukemia* (RLV), *Rabies* (RV), *Rhabdovirus*, und *Epstein-Barr* (EBV).[25]

Viele der POMs zeigen eine gute Hemmung der Aktivität in verschiedenen Zellkulturen und sind dabei nur wenig zytotoxisch. HPA-23 ist einer dieser effektiven antiviralen Stoffe von dem man lange Zeit dachte, dass er auch gegen menschliche Immunkrankheiten wie AIDS hilft, die durch den bekannten HI-Virus ausgelöst wird.[18]

Eine signifikante Reduktion der Krebszellen konnte jedoch nicht nachgewiesen werden und zusätzlich ist HPA-23 in zu großen Mengen toxisch.

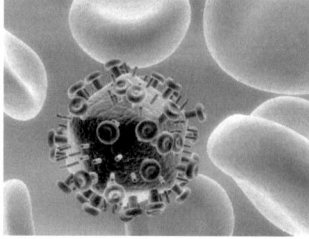

Abbildung 14: HI-Virus.[26]

Deshalb ist die aktuelle Forschung bestrebt neue Klassen von POMs zu entwickeln, da man weiß, „that most POMs are highly effective against HIV and simian immunodeficiency virus."[18]

Die französische Forschungsgruppe um Bussereau und Ermine untersuchten die antivirale Aktivität und den Wirkungsmechanismus von HPA-23 und seinen Kalium-Analogon. Dabei wurden zwei Eckpfeiler postuliert:
Erstens, dass sowohl die mRNA (messenger RNA) als auch die doppelsträngige RNA durch POMs gehemmt werden. Zweitens, dass die Polyoxometallate die Rate von zellulärer Proteinsynthese verändern. Das bedeutet, dass die POMs entweder die Ausführungen der mRNA beeinflussen oder die Frequenz der Translation.
Bussereau und Ermine nehmen also an, dass POMs auf zwei bestimmten Wegen den Virus beeinflussen. Durch die Hemmung der Transkriptase im Inneren des infektiösen Virus und durch die Hemmung der Virusentwicklung.[27]

Während die Hemmung von Viren durch POMs recht gut dokumentiert ist, bleibt der Mechanismus für diese antivirale Wirkungsweise jedoch nur schwer fassbar. So kann man sicher sein, dass die schon seit 1971 bekannte antivirale Wirkung von Polyoxometallaten noch ein hohes Potential an weiterer Forschung mit sich bringt.[18] Das zunehmende Interesse sieht man auch daran, dass sich seitdem die Publikationen vervielfacht haben und auch heute noch eine Steigerung zu erkennen ist. Denn man weiß, dass die Möglichkeiten der Verwendung von POMs noch lange nicht ausgeschöpft sind und so mit Sicherheit auch im nächsten Jahrhundert noch von großer Bedeutung sein werden.

Literatur:

[1]   *Abbildung 1*: http://www.rsc.org/ej/CC/2004/b405931j/b405931j-f1.gif, 18.05.08, 15:37 Uhr.

[2]   http://www.internetchemie.info/news/2007/aug07/polyoxometallat.html, 15.05.08, 17:15 Uhr.

[3]   *Abbildung 12*: www.uni-bielefeld.de/chemie/ac1/AMU/actualite.pdf, 16.05.08, 10:56 Uhr.

[4]   http://www.carondelet.pvt.k12.ca.us/Family/Science/GroupIVA/berzelius.gif
    Abbildung 2 und 11: 16.05.08, 12:02 Uhr.

[5]   J. F. Keggin, *Nature*, **1933**, *131*, 908. (*Abbildung 3*).

[6]   http://www.uni-muenster.de/Chemie.ac/krebs/akkrebs_forschung2.htm

[7]   Cathrine E. Housecroft, Alan G. Sharpe, *Anorganische Chemie*, Pearson Studium Verlag, München, **2006**, S.666. (*Abbildung 4*)

[8]   *Abbildung 5*: http://en.wikipedia.org/wiki/Polyoxometalate, 15.05.08, 20:11 Uhr.

[9]   E. C. Constable, *Binäre Übergangsmetallverbindungen*, Anorg. Chemie Skript II
    Mitschrieb aus der Vorlesung von 2006.

[10]   E. C. Constable, *Binäre Übergangsmetallverbindungen*, Anorg. Chemie Skript II (*Abb. 5*).

[11]   Catherine E. Housecroft, *Heavy metals*, anorg. Chemie Skript I. (*Abb. 7, Abb. 8*)

[12]   http://www.uni-muenster.de/Chemie.ac/krebs/akkrebs_forschung2.htm, 18.05.08, 11:12 Uhr.

[13]   C. Cibert, C. Jasmin, *Biochem. Biophys. Res. Commun.* **1982**, *108*, 1424-1433.

[14]   *Abbildung 9*: http://web135.germaninfo53.erfurt16.de/pics/tips/pigment_pigment.jpg, 19.05.08, 12:17 Uhr.

[15]   *Abb. 10*: http://www.scienzz.de/ticker/upload/meldungen2/zellmembran.jpg, 16.05.08, 14:46 Uhr

[16]   L. Ni, R. Gutman, C. Kelloes, M. A. Farmer, F. D. Boudinot, *Antiviral Res.* **1995**, *32*, 141.

[17]   C. L. Hill, G. C. White, *Chemical reviews*, **1998**, *89*, 1.

[18]   J. T. Rhule, C. L. Hill, D. A. Judd, R.F. Shinazi, *Chemical reviews*, **1998**, *89*, 327.

[19]   J. Kang, B. Xu, Z. Peng, X. Zhu, Y. Wei, D. R. Powell, *Angew. Chem. Int. Ed.* **2005**, *44*, 6902. (*Abbildung 11*).

[20]   http://www.chemie.fu-berlin.de/fb/fb96/fb-14.html, 20.05.08, 14:21 Uhr.

[21]   T. Yamase, N. Fukuda, Y. Tajima, *Biol. Pharm. Bull.* **1996**, *19*, 459-65.

[22]   Fischer, J.; Ricard, L.; Weiss, R. *J. Am. Chem. Soc.* **1976**, *98*, 3050-3052. (*Abb. 13*)

[23]   C. Jasmin, N. Raybaud, J. C. Cherman. *Biomedecine*, **1973**, *18*, 319.

[24]   C. Jasmin, J. C. Cherman. G. Herve, *J.* Natl. Cancer Inst. **1974**, *53*, 469.

[25]   http://pubs.acs.org/cgi-bin/abstract.cgi/chreay/1998/98/i01/abs/cr960396q.html, 20.5.08, 15:16

[26]   *Abbildung 14*: http://www.medhost.de/bilder/hiv-virus.jpg 21.05.08, 19:50 Uhr.

[27]   F. Bussereau, A. Ermine, *Ann. Virol. (Inst. Pasteur)* **1983**, *134E*, 487-506.